Hallgeneratoren

Von Peter Schober

Einführung

Dem Uneingeweihten fällt es meist schwer, sich unter dem Begriff „Hallgenerator" ein modernes Halbleiterbauelement vorzustellen. Vielmehr wird er damit vermutlich eines jener tonnenschweren Ungetüme in Verbindung bringen, wie man sie von Kraftwerken her kennt.

Beide, das kleine, in einer Hand verschwindende, fast gewichtlose Bauelement und das riesige, in einem Kraftwerk montierte Aggregat, verbindet jedoch miteinander der Name „Generator", der aus dem Lateinischen stammt und soviel wie „Erzeuger" bedeutet.

Der große Generator liefert Strom für die Elektrizitätsversorgung; aber auch der Hallgenerator erbringt eine elektrische Leistung, wenngleich die Größenordnungen sehr verschieden sind. Denn an seinem Ausgang wird unter einer Spannung Strom abgenommen.

Der amerikanische Physiker E. H. Hall hat diese Spannung im Jahre 1879 an dünnen Goldschichten nachgewiesen. Daher der Name Hallspannung!

Nach dem Durcharbeiten vorliegenden Lehrprogramms kennt der Lernende sowohl die physikalischen Grundlagen des Halleffekts als auch den Hallgenerator selbst. Er wird dessen Anwendungsmöglichkeiten nutzen können, mit ihm richtig umgehen und geeignete Werkstoffe zum Aufbau auswählen.

Die Erläuterung von Ablenkrichtung und Elektronenbahn führt zum Prinzip des Hallgenerators. Die Lehreinheiten über Einflüsse von Werkstoffen und deren Gestalt (dick, dünn, lang usw.) befähigen den Lernenden, die optimale Beschaffenheit eines Hallgenerators zu beurteilen, im Zusammenhang mit den jeweils geeigneten Trägermaterialien. Wesentliche Herstellungsverfahren sind so beschrieben, daß man sie unmittelbar den Hauptanwendungsgebieten des Hallgenerators zuordnen kann.

Die Verständlichkeit des Textes und der Schwierigkeitsgrad des dargebotenen Stoffes ermöglichen es, das Lehrprogramm in Berufs- und Technikerschulen zu benutzen. Ingenieurschulstudenten vermittelt es eine rasche Einführung in das Arbeitsgebiet als Grundlage für weitere Studien.

Der Lehrstoff wird in Teilschritten (Lehreinheiten, LE) dargeboten. Testfragen nach jeder Lehreinheit, nach den Teilabschnitten und am Ende des Buches dienen zur Erfolgskontrolle. Die Bestätigung, ob die Antwort richtig ist, wird jeweils anschließend gegeben. Dieses Lehrprogramm setzt das Studium des Lehrheftes „J. Lang: Das magnetische Feld" (pu 07) voraus, so daß es hier genügte, die magnetischen Grundlagen nur noch zusammenfassend zu behandeln. In diesem Zusammenhang sei auch besonders auf das Lehrprogramm „H.-G. Steidle: Die Feldplatte" (pu 44) verwiesen. Der Anhang enthält die wichtigsten Fachausdrücke.

München, im August 1974

SIEMENS AKTIENGESELLSCHAFT

Physikalische Grundbegriffe — **Lehreinheit (LE) 1**

Um das Verständnis für die physikalischen Vorgänge in einem Hallgenerator zu erleichtern, wiederholen wir die wichtigsten elektrischen und magnetischen Grundbegriffe:

1. Als „ferromagnetisch" bezeichnet man Stoffe, die von einem Permanentmagnet angezogen werden. Es handelt sich dabei um die Elemente Eisen, Nickel und Kobalt sowie um deren Verbindungen untereinander und mit anderen Elementen.

2. In einem Magnetfeld erfahren Elektronen, die sich durch ein Vakuum oder einen elektrischen Leiter bewegen, die magnetische Kraft $F_m = e \cdot v \cdot B$. Dabei bedeutet e die Ladung eines Elektrons, v die Geschwindigkeit der Bewegung, proportional zur Stromstärke, B die Flußdichte des angelegten Magnetfeldes. Die „Linke-Hand-Regel" hilft, die Richtung dieser Kraft zu ermitteln. Das Elektron durchläuft eine Kreisbahn.

3. Ein elektrisches Feld übt ebenfalls eine Kraft auf freie oder gebundene Elektronen aus, die elektrische Kraft $F_e = e \cdot E$. Dabei bedeutet e die Ladung eines Elektrons, E die elektrische Feldstärke. Die Geschwindigkeit der Elektronen beeinflußt dagegen *nicht* die Größe der Kraft. Die Elektronen werden in Richtung Pluspol abgelenkt. Die Bahn des Elektrons ist parabelförmig.

4. In einem elektrischen Leiter ohne Stromfluß bewegen sich die Elektronen völlig regellos in allen Richtungen. Fließt aber Strom, so wird der regellosen Bewegung eine gerichtete „Driftbewegung" überlagert. Diese Driftbewegung sorgt für den nötigen Ladungsträgertransport zum Leiten des Stromes.

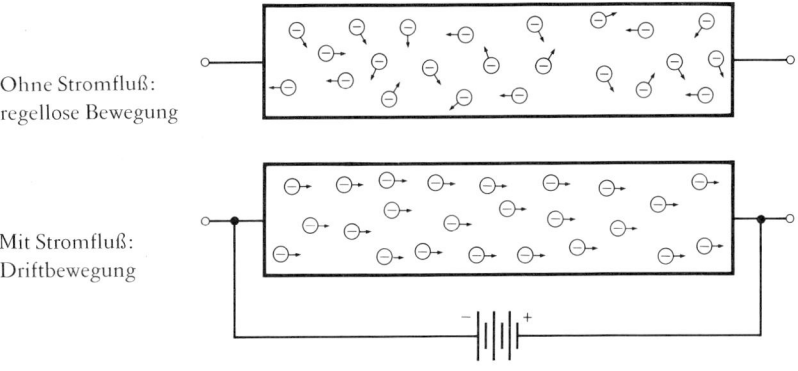

Ohne Stromfluß: regellose Bewegung

Mit Stromfluß: Driftbewegung

? Handelt es sich bei der Legierung PERMENORM® (50 % Eisen, 50 % Nickel) um einen ferromagnetischen Stoff?

A 1

Als Verbindung von zwei ferromagnetischen Elementen stellt PERMENORM einen ferromagnetischen Stoff dar.

Elektronenbahn im B-Feld — LE 2

Greifen wir auf die Bilder der LE 1 zurück — zum besseren Verständnis der physikalischen Ursachen der Auslenkung eines stromdurchflossenen Leiters! Es interessieren zwei Fälle:

1. Magnetfeld $B = 0$

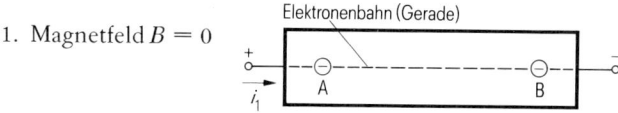

Ein bei A in den Leiter eintretendes Elektron bewegt sich ohne Magnetfeld geradlinig nach Ort B. Der Abstand zum oberen und unteren Rand bleibt in etwa konstant.

2. Magnetfeld $B \neq 0$

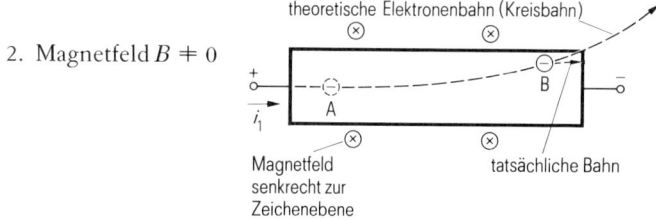

Das Elektron tritt auch hier bei A in den Leiter, bewegt sich nun jedoch unter Einfluß des Magnetfeldes auf einer Kreisbahn dem Leiterrand zu. Von B ab wird es jedoch infolge molekularer Rückstellkräfte daran gehindert, die Kreisbahn weiter zu verfolgen. Denn um den Leiter verlassen zu können, sind die Kräfte des Magnetfeldes auf das Elektron noch viel zu klein. Es entsteht ein Gleichgewicht zwischen magnetischer und molekularer Kraft, so daß das Elektron der oben eingezeichneten „tatsächlichen Bahn" entlang des Leiterrandes folgt. Die molekularen Kräfte bewirken andererseits, daß der Leiter insgesamt, wenn er nicht festgehalten wird, sich nach oben bewegt. Wird er festgehalten, so wirkt auf den Leiter eine Kraft nach oben, deren Größe gleich der Summe der Molekularkräfte sämtlicher Randelektronen ist.

Die Kräfte, die auf ein Elektron eines Strahls wirken, betragen zwar nur ein hundertmilliardstel Newton. Andererseits ist jedoch die Elektronenmasse unvorstellbar klein.

So ist es also erklärlich, daß selbst Kräfte der genannten Größenordnung ausreichen, die Elektronenmasse abzulenken.

| ? | Welche Bahn durchlaufen Elektronen eines Leiters bei Anlegen eines Magnetfeldes? |

A 2

Jedes Elektron durchläuft bis zum Rand des Leiters eine Kreisbahn, anschließend folgt es dem Rand geradlinig.

Leiterelektronen im *B*-Feld LE 3

Nachfolgende Skizze zeigt den Bahnverlauf von mehreren Elektronen bei Anlegen eines Magnetfeldes, entsprechend den tatsächlichen Verhältnissen in einem elektrischen Leiter.

Wir sehen, daß die Dichte der Elektronen am oberen Leiterrand zu-, am unteren Rand abnimmt.

Da sich bekanntlich gleiche Ladungen abstoßen, können nicht alle Elektronen den oberen Rand erreichen. Die obere Bandkante ist also bald mit negativen Ladungen „besetzt", die nachfolgenden Elektronen werden infolge ihrer abstoßenden Kraft, ohne den Rand zu erreichen, zum rechten Leiterrand hin „abgeschoben" und treten am Minuspol wieder aus dem Leiter aus.

| ? | Aus welchem Grund werden nicht alle Elektronen bis zur oberen Bandkante hin abgelenkt? |

A 3

Die Elektronen, die zuerst die obere Bandkante erreichen, verhindern das Nachfolgen weiterer Elektronen.

Entstehen der Hallspannung — LE 4

Wie in LE 3 dargestellt, entsteht im Metallband an einer Seite eine Elektronenverarmung, an der anderen Seite eine Anreicherung von Elektronen.

Genau dasselbe ist aber auch bei einer elektrischen Spannungsquelle, z. B. einer Batterie oder einem elektrischen Generator, der Fall. Lötet man punktförmig etwa in der Mitte des Metallbandes, einander genau gegenüber, jeweils einen Draht an, so kann zwischen beiden mit einem empfindlichen Meßinstrument eine Spannung abgelesen werden.

Dort, wo sich die Elektronen anreichern, entsteht ein negatives, am gegenüberliegenden Pol ein positives Potential; die Differenz der Potentiale heißt *Hallspannung*.

Wegen dieser einem „Generator" ähnlichen Erscheinung nennt man ein so mit Kontakten versehenes Metallband Hallgenerator.

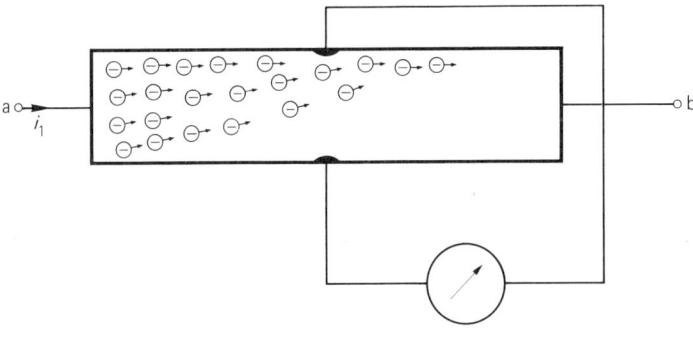

? Wie wird aus einem dünnen Leiterband ein Hallgenerator?

A 4

Durch Anlöten von jeweils einem punktförmigen Kontakt in der Mitte der beiden Längsseiten.

Hallspannung dünner Blättchen LE 5

Warum wurde der Halleffekt ausgerechnet an dünnen Goldblättchen entdeckt?

Experimente ergaben, daß die Größe der Hallspannung mit zunehmender Dicke des Hallblättchens sinkt. Dies läßt sich so erklären:

Die Elektronen, die bereits den Rand des Blättchens erreicht haben, werden ständig von nachfolgenden Elektronen nach außen gedrängt. Ein großes Volumen gewährt den Elektronen wesentlich leichter einen Platz am Rand als ein kleines. Große Dicke des Blättchens entspricht einem großen Volumen. Je dünner das Blättchen ist, um so mehr drängen sich z. B. in einem Kubikmillimeter die Elektronen, und um so größer ist die elektrostatische Kraft. Diese veranlaßt die Elektronen, das Metallblättchen über die beiden seitlich angelöteten Anschlüsse zu verlassen.

Für die Praxis bleibt es gleichgültig, welches Metall verwendet wird; wenn es nur genügend dünn ist. Gold hat anderen Metallen gegenüber lediglich den Vorzug, daß es sich sehr dünn auswalzen läßt. Man kommt dabei auf Dicken bis zu einem hundertstel Mikrometer (10^{-2} µm).

| ? | Wie muß das Hallblättchen beschaffen sein, um eine hohe Hallspannung zu bekommen? |

A 5

Es muß möglichst dünn sein.

Hallspannung von Metallen — LE 6

Trotz des großen Vorzugs guter Auswalzbarkeit von Gold zu dünnen Blättchen werden Hallgeneratoren heute nicht mehr daraus hergestellt, ja überhaupt nicht mehr aus Metallen. Die folgenden Lehreinheiten sollen die Gründe verständlich machen.

Aus der in LE 1 angeführten Formel

> Kraft auf ein Elektron = Elektronenladung × Elektronengeschwindigkeit × magnetische Flußdichte
>
> $F = e \cdot v \cdot B$

geht hervor, daß die Kraft eines konstanten Magnetfeldes auf ein bewegtes Elektron nur von der Höhe der Geschwindigkeit des Elektrons abhängt. Hohe Kraft auf ein Elektron bedeutet aber wiederum hohe Hallspannung.

Um also eine technisch nutzbare Hallspannung zu erzielen, die wesentlich höher ist, als sie in Gold bzw. in allen anderen Metallen auftritt, muß man ein Material verwenden, in dem sich die Elektronen bei einem bestimmten Strom wesentlich schneller als in Metallen bewegen können. (Die Elektronengeschwindigkeit in Metallen beträgt nur einige cm/s.)

| ? | Warum werden Hallgeneratoren heutzutage nicht mehr aus Gold hergestellt? |

A 6

Elektronen bewegen sich in Gold, wie in allen Metallen, relativ langsam. Da jedoch die technische Nutzung des Halleffekts eine wesentlich höhere Elektronengeschwindigkeit voraussetzt, sind Metalle für die Herstellung von Hallgeneratoren praktisch bedeutungslos geworden.

Stromdichte LE 7

Nachfolgende Beispiele verdeutlichen die wechselseitige Abhängigkeit zwischen Teilchenzahl und Teilchengeschwindigkeit zweier Materialien.

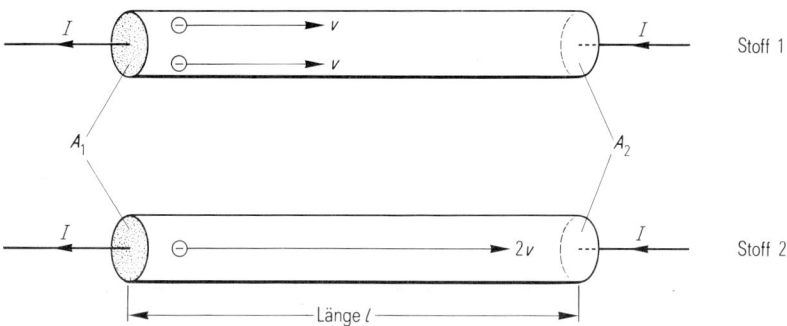

Beispiel 1
In Stoff 1 treten jede Sekunde gleichzeitig zwei Elektronen durch die Fläche A_1 und bewegen sich mit der kleinen Geschwindigkeit v auf die Fläche A_2 zu, die sie nach einer Sekunde erreichen. Im Drahtvolumen V befinden sich also ständig zwei Elektronen.

Beispiel 2
In Stoff 2 tritt jede halbe Sekunde ein Elektron durch die Fläche A_1 und bewegt sich mit doppelter Geschwindigkeit $2v$ auf die Fläche A_2 zu. In demselben Drahtvolumen befindet sich nun jedoch ständig nur ein Elektron, obwohl in beiden Fällen derselbe Strom (nämlich zwei Elektronen je Sekunde) durch die Querschnitte A_1 und A_2 fließt.

Es besteht also folgende gegenseitige Abhängigkeit:
In einem Material, in dem sich die Elektronen schnell bewegen, sind weniger Elektronen zur Erzeugung eines bestimmten Stromes je Flächeneinheit (Stromdichte) nötig, bei geringerer Beweglichkeit mehr.

| ? | Welche Eigenschaften muß ein Material mit wenigen freien Ladungsträgern je Volumen haben, damit in ihm ein hoher Strom fließen kann? |

A 7

Das Material muß die Eigenschaft haben, höhere Elektronengeschwindigkeit zu ermöglichen.

Beweglichkeit LE 8

Die in LE 7 gezeigte gegenseitige Abhängigkeit zwischen Elektronenzahl und Elektronengeschwindigkeit kann mit Hilfe folgender Formel ausgedrückt werden:

Stromdichte $S = n \cdot e \cdot v$,

wobei die Größen folgendermaßen definiert sind:

S $A \cdot cm^{-2}$, Stromdichte,
n cm^{-3}, Elektronenkonzentration,
e $1{,}6 \cdot 10^{-19}$ As, konstante Ladung eines Elektrons,
v m/s, Geschwindigkeit der Elektronen im Leiter.

Aus früheren LE folgt, daß eine große Teilchengeschwindigkeit v benötigt wird, um hohe Ablenkkräfte im Magnetfeld zu bekommen. Es liegt also nahe, zur Herstellung von Hallgeneratoren solche Materialien zu verwenden, die eine kleinere Teilchendichte als Metalle haben, z. B. Halbleiter. Materialien, in denen sich die Elektronen schnell bewegen können, haben eine hohe „Elektronenbeweglichkeit".

Man definiert die Beweglichkeit u als:

$$u = \frac{\text{Geschwindigkeit } v}{\text{Feldstärke } E}$$

Sie gibt die mittlere Elektronengeschwindigkeit bei einem Strom an, der am Leiter einen Spannungsabfall von 1 V/cm hervorruft.

Während Elektronen in Metallen nur Geschwindigkeiten von etwa $v = 10$ cm/s erreichen, beträgt diese in Germanium bereits $v = 39$ m/s. In speziellen Verbindungen zwischen Elementen der III. und V. Gruppe des Periodensystems, wie Indiumarsenid ($v = 330$ m/s) und Indiumantimonid ($v = 780$ m/s) erreichen sie sogar Geschwindigkeiten in der Größenordnung der Schallgeschwindigkeit und darüber.

[?] Wie soll bei Hallgeneratormaterial
a) die Elektronendichte je Volumeneinheit,
b) die Elektronenbeweglichkeit
sein, um eine hohe Hallspannung zu erzielen?

A 8

a) Die Elektronendichte soll möglichst klein sein.
b) Die Elektronenbeweglichkeit soll möglichst groß sein.

Zwischentest 1

1. Welche Bahnform durchläuft ein freies Elektron in einem Magnetfeld?

2. Welche Bahnform durchläuft ein freies Elektron in einem elektrischen Feld?

3. Wie bewegen sich Elektronen in einem Leiter, wenn kein Strom fließt?

4. Was geschieht, wenn man ein dünnes stromdurchflossenes Leiterband in ein senkrecht dazu angeordnetes Magnetfeld bringt?

5. Welche beiden Voraussetzungen müssen eingangsseitig erfüllt sein, um an den punktförmigen Kontakten eines Hallgenerators eine Hallspannung abnehmen zu können?

6. An welchem der beiden punktförmigen Kontakte entsteht das positive bzw. das negative Potential?

7. Welche Voraussetzung müssen Elektronen in einem bestimmten Stoff erfüllen, um einen hohen Halleffekt zu erzeugen?

8. Welche beiden Möglichkeiten des Stromtransportes durch einen Leiter gibt es?
   Geben Sie je ein Beispiel an!

9. Wie ist die elektrische Stromdichte definiert?

10. Welche typischen Geschwindigkeiten erreichen Elektronen bei einer Feldstärke von 1 V/cm in
    a) Metallen,
    b) Germanium (Ge),
    c) Indiumarsenid (InAs),
    d) Indiumantimonid (InSb)?

Antworten zum Zwischentest 1

1 Einen Kreis.

2 Eine Parabel.

3 Die Elektronen bewegen sich regellos nach allen Richtungen.

4 Die Elektronen werden der „Linken-Hand-Regel" zufolge abgelenkt und sammeln sich an einer Längsseite des Blättchens. (LE 3)

5 a) Es muß ein Steuerstrom fließen.
b) Senkrecht zur Hallgeneratorfläche muß ein Magnetfeld anliegen.
(LE 4)

6 Wo sich die Elektronen anreichern, entsteht ein negatives, an der gegenüberliegenden Seite das positive Potential. (LE 4)

7 Die Elektronen müssen sich bei Stromfluß schnell bewegen. (LE 6)

8 Um Strom durch einen Leiter zu bringen, kann man
a) viele Elektronen langsam (bei Metallen)
b) wenige Elektronen schnell (bei Halbleitern) hindurchschicken. (LE 7)

9 Stromdichte bedeutet Strom je Querschnitt. (LE 8)

10 a) In Metallen: etwa 10 cm/s,
b) Ge: 39 m/s,
c) InAS: 330 m/s,
d) InSb: 780 m/s.
(LE 8)

Steuerstrom und Magnetflußdichte — LE 9

Der Berechnung der Hallspannung U_H dient die Formel:

$$U_H = \frac{1}{n \cdot e} \cdot \frac{1}{s} \cdot i_1 \cdot B \cdot 10^{12}$$

Dabei bedeuten s die Dicke in cm, i_1 den Strom in Ampere, n die Anzahl der freien Ladungsträger je Kubikzentimeter, wenn kein Magnetfeld am Hallgenerator anliegt, und B das angelegte Magnetfeld in Tesla.

Die Hallspannung U_H ergibt sich dann in Volt.

Damit ist es möglich, für jedes Halbleitermaterial sofort die Hallspannung zu berechnen.

Den prinzipiellen Aufbau eines Hallgenerators ersehen wir aus folgender Skizze.

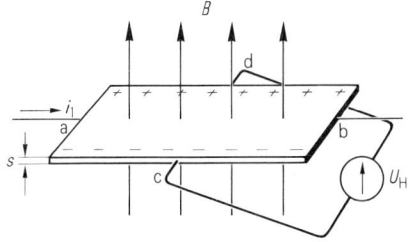

Der Steuerstrom tritt bei a in das Hallblättchen ein, bei b wieder aus. Die Hallspannung kann nach Anlegen eines Magnetfeldes an den Klemmen c und d abgenommen werden.

Die Kontakte a und b erstrecken sich gewöhnlich über die ganze Breite des Hallgenerators, um eine gleichmäßige Verteilung des Steuerstroms i_1 über die gesamte Breite des Hallblättchens zu erreichen. Die Anschlüsse c und d sollen dagegen möglichst punktförmig sein.

[?] Wie ändert sich die Hallspannung, wenn man
   a) den Strom i_1 verdoppelt und die Flußdichte B halbiert?
   b) sowohl den Strom i_1 als auch die Flußdichte B verdoppelt?

A 9

a) Überhaupt nicht, weil das Produkt $B \cdot i_1$ konstant bleibt.

b) Die Hallspannung vervierfacht sich, weil beide Größen im Zähler der Formel stehen. (Die Hallspannung verdoppelt sich also, wenn wir entweder den Strom i_1 oder das Magnetfeld B allein verdoppeln. Werden beide Größen zusammen verzweifacht, so wird die Hallspannung U_H insgesamt vervierfacht.)

Einfluß der Abmessungen — LE 10

Einen entscheidenden Einfluß auf die Größe der Hallspannung hat das Verhältnis der Länge zur Breite des Hallblättchens.

Die folgenden Bilder deuten die beiden Grenzfälle an.

Neben der erwünschten gleichmäßigen Stromzuführung (LE 9) haben die metallischen Stromkontakte an den Breitseiten noch einen zweiten unerwünschten Effekt: sie bilden infolge ihrer hohen Leitfähigkeit einen Kurzschluß für die Hallspannung. Je größer die Entfernung der Kontaktpunkte c und d von den metallischen Stromzuführungen ist, um so weniger wirkt sich dieser Effekt aus.

Die höchste Hallspannung ergäbe sich also theoretisch, wenn das Blättchen unendlich lang wäre. Da die Hallspannung jedoch ab einem Verhältnis von Länge zu Breite = 2:1 nur noch unwesentlich zunimmt, der Materialaufwand jedoch stark anwächst, werden die meisten Hallgeneratoren in etwa diesem Seitenverhältnis ausgeführt.

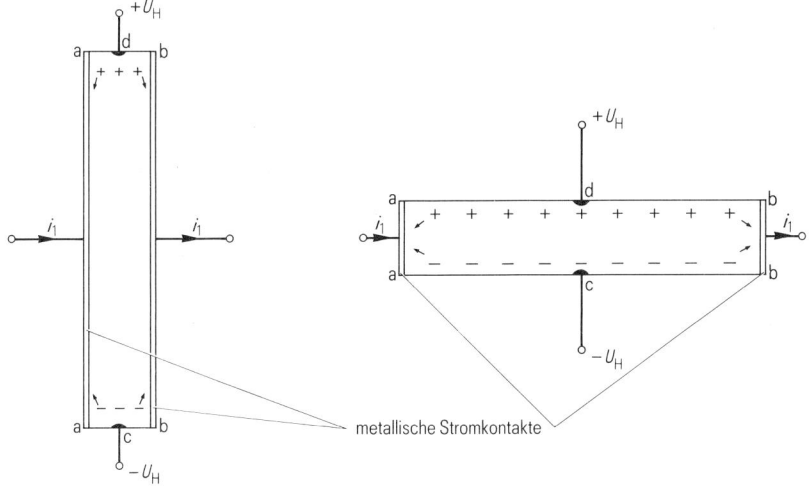

? Aus welchem Grund sinkt die Hallspannung mit abnehmender Länge des Hallblättchens?

A 10

Je näher die kurzschlußerzeugenden Metallkontakte der Steuerstromzuführung an die Hallelektroden heranreichen, desto kurzschlußähnlicher wirken sie auf die Hallspannung.

Wirkungsgrad LE 11

Wie auch die herkömmlichen Stromerzeuger einen guten Wirkungsgrad aufweisen sollen, so ist auch beim Hallgenerator ein möglichst großes Verhältnis

$$\text{Wirkungsgrad} = \frac{\text{Ausgangsleistung}}{\text{Eingangsleistung}}$$

anzustreben. Von seiner Leistung, die vom Steuerstrom i_1 bei einem endlichen Innenwiderstand R_{10} getragen wird, soll an den Hallspannungsklemmen möglichst viel wieder abgenommen werden können.

Nach der Formel für die Verlustleistung

$$P_{\text{verl.}} = i_1^2 \cdot R_{10}$$

ist bei einem bestimmten Strom die an dem Hallgenerator abfallende Verlustleistung um so kleiner, je kleiner der Innenwiderstand R_{10} wird.

So ist es verständlich, daß in der Hallgeneratorformel aus LE 9

$$U_H = \frac{1}{n \cdot e} \cdot \frac{1}{s} \cdot i_1 \cdot B \cdot 10^{12}$$

die Elektronenbeweglichkeit nicht unmittelbar erscheint, sondern nur auf der oben dargelegten Forderung basiert, daß die durch den Steuerstrom hervorgerufene Verlustleistung am Hallgenerator im Interesse eines optimalen Wirkungsgrades möglichst klein sein soll.

| ? | Wie ändert sich der Wirkungsgrad eines Hallgenerators, wenn die Elektronenbeweglichkeit des Hallgeneratormaterials wächst? |

A 11

Mit zunehmender Elektronenbeweglichkeit wird der Innenwiderstand des Hallgenerators und damit die durch den Steuerstrom hervorgerufene Verlustleistung kleiner, d. h. der Wirkungsgrad wird besser.

Werkstoffe LE 12

Die für Hallgeneratoren verwendeten Materialien bestehen aus Verbindungen von Elementen der III. und V. Gruppe des periodischen Systems der Elemente. Reine Elemente, wie Germanium oder Silizium, eignen sich wegen ihrer geringen Elektronenbeweglichkeit nicht.

Verwendung finden im wesentlichen
1. InSb (Indiumantimonid)
2. InAs (Indiumarsenid)
3. InAsP (Indiumarsenidphosphid)

Von oben nach unten nimmt die Beweglichkeit der Elektronen ab und damit die auftretende Hallspannung, gleichzeitig vermindert sich aber ihre Temperaturabhängigkeit.

Verbindung	Temperatur-koeffizient %/grd	Leerlaufempfindlichkeit K_{B_0} $\frac{V}{A \cdot T}$	Temperaturbereich °C
InSb	−1	50 bis 100	−20 bis +80
InAs	−0,1	6	−269 bis +200
InAsP	−0,05	1	−269 bis +200

So ist für jeden Anwendungsfall ein bestimmtes Material am geeignetsten. Hallgeneratoren aus InSb werden dort verwendet, wo es bei Zimmertemperatur auf eine hohe Signalspannung ankommt und der Temperaturgang der Spannung nicht stört, z. B. bei digitaler Signalgabe. Für Aufgaben, bei denen es auf eine genaue Zuordnung von magnetischer Flußdichte und Hallspannung ankommt, z. B. bei der Magnetfeldmessung, finden Hallgeneratoren aus InAs-Material, in besonderen Fällen, z. B. für hochgenaue Feldmessungen, sogar InAsP-Hallgeneratoren Verwendung.

[?] An welchem Hallgeneratorwerkstoff tritt die größte Hallspannung auf?
Warum?

A 12

Infolge der extrem hohen Elektronenbeweglichkeit tritt die höchste Hallspannung an Indiumantimonid-Hallgeneratoren auf.

Trägermaterialien   LE 13

Nachdem, wie bereits erklärt wurde, Hallgeneratoren extrem dünn sein sollen, erfordert es die Erhöhung der mechanischen Festigkeit, die Hallblättchen auf Träger (Grundplatte, evtl. Deckplatte) aufzubringen, die für den jeweiligen Anwendungsfall genau zugeschnitten sind. Dabei können grundsätzlich zwei verschiedene Arten unterschieden werden:

1. Magnetisch neutrale (passive) Träger, d. h. Trägermaterialien ohne ferromagnetisches Verhalten. Diese haben keinerlei Rückwirkungen auf das Magnetfeld, dienen also nur dem Zweck, dem Hallblättchen die nötige mechanische Festigkeit zu verleihen. Verwendet wird dazu hauptsächlich Keramik. Die Keramikträger haben Flächen von einigen Quadratmillimetern bis zu einigen Quadratzentimetern und Dicken von 0,1 bis 1 mm.

2. Magnetisch aktive (ferromagnetische) Träger, die einen Bündelungseffekt des Magnetfeldes erzeugen, so daß zwar das aktive Hallblättchen stärker vom Magnetfeld durchdrungen, das Magnetfeld jedoch verfälscht wird, wie die beiden folgenden Skizzen zeigen.

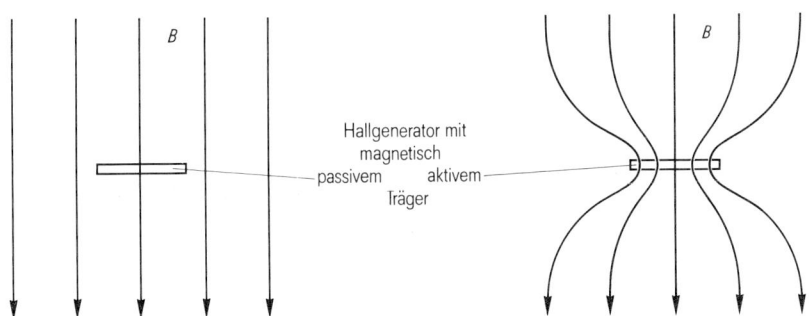

Werden zwei gleich große Hallgeneratoren mit verschiedenen Trägern einem Magnetfeld B ausgesetzt, so durchdringen den Hallgenerator mit ferromagnetischem Träger mehr Feldlinien als den mit magnetisch neutralem Träger. Die Hallspannung wird also größer.

? Welche Gruppen von Trägermaterialien unterscheidet man bei Hallgeneratoren?

A 13

1. Magnetisch neutrale Träger.
2. Ferromagnetische Träger.

Hallspannung und Magnetfeld LE 14

Die höchsten Anforderungen bezüglich Genauigkeit der Herstellung und der Toleranzen elektrischer Werte werden an Hallgeneratoren gestellt, die zur quantitativen Messung der Größe eines Magnetfeldes dienen. Der elektrische Aufbau entspricht der Zeichnung in LE 9.

Bei einem konstanten Steuerstrom wächst die Hallspannung proportional dem angelegten Magnetfeld.

Das Trägermaterial besteht einheitlich aus Keramik.

Entsprechend des Verwendungszwecks unterscheidet man verschiedene Ausführungen von keramischen Meßhallgeneratoren, die sich den jeweiligen Umgebungsbedingungen, bei denen die Messung ausgeführt werden soll, optimal anpassen (z. B. Feldmessung in kleinen Luftspalten, in dünnen Bohrungen, auf Werkstoffoberflächen, bei hohen bzw. extrem tiefen Temperaturen usw.).

 Welcher Zusammenhang besteht bei keramischen Hallgeneratoren zwischen Magnetfeld und Hallspannung, wenn der Steuerstrom konstant gehalten wird?

A 14

Die auftretende Hallspannung wächst proportional zur Größe des angelegten Magnetfeldes.

Feldempfindlichkeit   LE 15

In LE 13 wurde gezeigt, daß bei einem Hallgenerator mit magnetisch aktivem Träger Rückwirkungen auf den Verlauf der magnetischen Feldlinien auftreten. Das Trägermaterial übt also eine Art „Trichterwirkung" aus, d. h., es wirkt wie der dünne Hals eines Trichters, der aus seiner näheren Umgebung die Feldlinien „sammelt". Hat das Feld mit der Flußdichte B große räumliche Ausdehnung, so werden mehr Feldlinien gesammelt, bei kleinerer Ausdehnung des Feldes mit derselben Dichte B treten nur weniger Feldlinien durch den Träger und damit durch den Hallgenerator.

Folgende Grundsätze können daraus abgeleitet werden:

1. Der Hallgenerator mit Keramikträger verfälscht das magnetische Feld nicht, die Hallspannung wächst proportional zur Stärke des Magnetfeldes (feldempfindlich).
   Anwendung: elektrische Feldmessung.

2. Der Hallgenerator mit Ferritträger verfälscht das magnetische Feld, die Hallspannung ist proportional zum Feld und zur Ausdehnung des Feldes. Er ist zur Feldmessung ungeeignet.
   Anwendung: digitale Steueranwendungen, analoge Wechselspannungsverstärker.

Der Zusammenhang

$$B \cdot A = \Phi,$$

d. h. Feld mal Fläche = magnetischer Fluß, rechtfertigt es, daß man solche Hallgeneratoren als „flußempfindlich" bezeichnet.

| ? | Erklären Sie den Begriff „feldempfindlich"! |

A 15

Ein Hallgenerator ist „feldempfindlich", wenn die Hallspannung proportional zum angelegten Feld zu- oder abnimmt.

Ferrit als Werkstoff LE 16

Ferrit-Hallgeneratoren werden dort vorteilhaft eingesetzt, wo es gilt, mit möglichst wenig Feldenergie eine möglichst hohe Hallspannung zu erzielen, z. B. in „Hallmodulatoren" oder in „Magnetband-Abfrageköpfen". Der Hallgenerator befindet sich beim Hallmodulator zwischen zwei Magnetpolen im Luftspalt eines Magnetkreises.

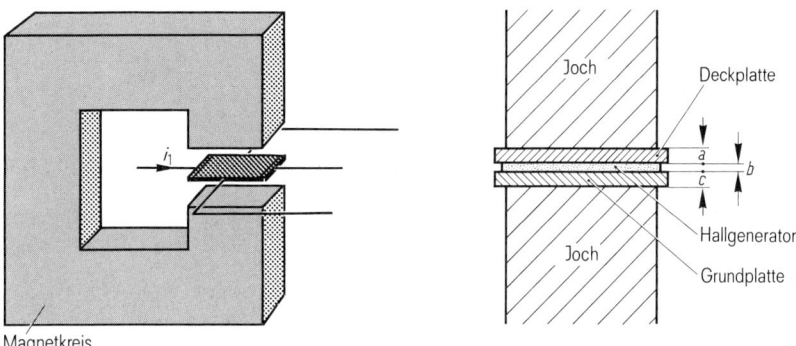

Bestehen Grund- und Deckplatte aus Keramik, so hat der Luftspalt, der ja, um Streuungen zu vermeiden, möglichst klein sein soll, die Länge $a + b + c$.

Sind die beiden Platten jedoch aus ferromagnetischem Material (Ferrit-Hallgenerator), so kann man sich das obere Joch um die Länge a, das untere Joch um die Länge c verlängert denken. Für den magnetischen Fluß existiert also lediglich ein magnetisch wirksamer Luftspalt von der Länge b. Das entspricht der Dicke der aktiven Halbleiterschicht, die ja, wie schon gezeigt wurde, sehr klein ist. Die gesamte Streuung ist dann entsprechend kleiner, der Wirkungsgrad steigt.

> **?** Welchen Vorzug haben Ferrit-Hallgeneratoren im Luftspalt eines Magnetkreises?

A 16

Sie verkürzen den Luftspalt um die Dicke der beiden Träger, verkleinern so die Streuung und vergrößern den Wirkungsgrad.

Hallmultiplikator LE 17

Die folgenden Lehreinheiten befassen sich mit den Hauptanwendungsgebieten von Ferrit-Hallgeneratoren. Durch Einfügen eines Ferrit-Hallgenerators in den Luftspalt eines Elektromagnets erhält man den sogenannten „Hallmultiplikator", wie folgendes Prinzipschaltbild zeigt.

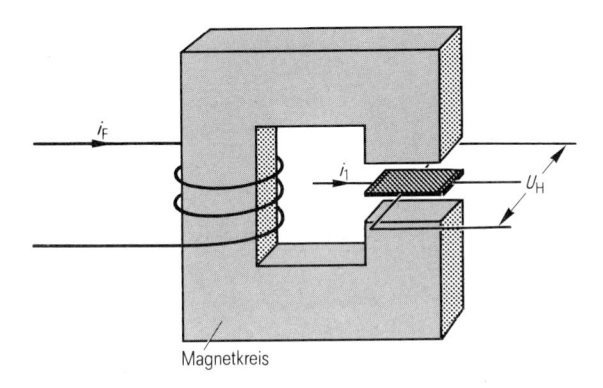

Die Ausgangsgröße, in unserem Fall die Hallspannung U_H, ist proportional zu zwei Eingangsgrößen, die aus dem Steuerstrom i_1 und dem Spulenstrom i_F gebildet werden. Dazu bedarf es eines „Wandlers", der das Spulenstromsignal i_F in ein Magnetfeldsignal, mit dem der Hallgenerator angesteuert wird, umwandelt.

Aus der Eingangsgröße B der Hallgeneratorformel $U_H = K_1 \cdot i_1 \cdot B$ wird damit die Eingangsgröße i_F, d. h. der Strom i_F durch die Feldspule. Es gilt die Beziehung:

$$U_H = K_2 \cdot i_1 \cdot i_F$$

? Nennen Sie die Eingangsgrößen und die Ausgangsgröße des Hallmultiplikators!

A 17

Eingangsgrößen: Steuerstrom i_1
Spulenstrom i_F

Ausgangsgröße: Hallspannung U_H

Gleichstrom-Wattmeterschaltung LE 18

Ein einfaches Anwendungsbeispiel des Hallmultiplikators stellt die folgende Gleichstrom-Wattmeterschaltung dar.

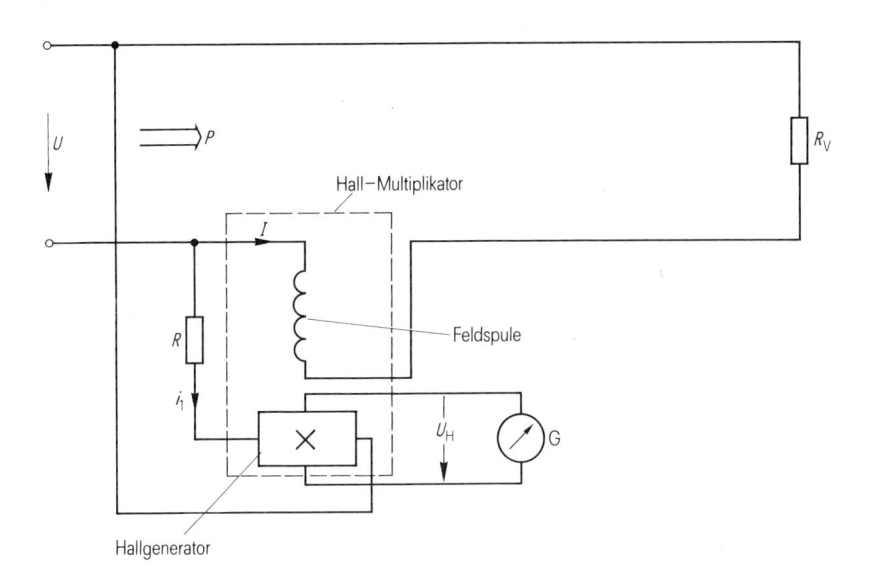

Es soll die Leistung P gemessen werden, die aus der Spannungsquelle U in den Verbraucherwiderstand R_v fließt.

Bekanntlich ist die Leistung das Produkt von Strom I und Spannung U. Im vorliegenden Anwendungsbeispiel wird Leistung dadurch gemessen, daß der Strom über die Feldspule des Hallmultiplikators geleitet wird und die Spannung über den Vorwiderstand R den Steuerstrom i_1 gibt. Die an den Hallelektroden entstehende Spannung U_H ist damit ein Maß für die in die Schaltung und damit in den Verbraucher R_v fließende Leistung P.

? Welches aktive Bauelement findet in der Wattmeterschaltung Verwendung?

A 18

Der Hallmultiplikator

Zwischentest 2

1 Wie verändert sich die Ausgangsspannung eines Hallgenerators, wenn man bei sonst gleichen elektrischen und geometrischen Bedingungen statt eines Metalls (freie Ladungsträgerzahl $n \approx 10^{27}$ cm^{-3}) ein Halbleitermaterial mit $n \approx 10^{15}$ verwendet?

2 Welche Verbindungen werden zum Bau von Hallgeneratoren verwendet?

3 Nennen Sie die typischen Anwendungsfälle der einzelnen Verbindungen.

4 Geben Sie je ein Beispiel für einen magnetisch passiven und einen magnetisch aktiven Träger.

5 In welchen Fällen werden Ferrit-Hallgeneratoren vorteilhaft verwendet?

Antworten zum Zwischentest 2

1 Die Formel für die Hallspannung

$$U_H = \frac{1}{n \cdot e \cdot s} I \cdot B$$

zeigt, daß bei Vergrößern der Anzahl n der freien Ladungsträger um den Faktor 10^{12} ($= 10^{27} : 10^{15}$) die Hallspannung um denselben Faktor sinkt. Die Hallspannung steigt also um den Faktor 10^{12} an. (LE 9)

2 a) InSb   b) InAs   c) InAsP. (LE 12)

3 InSb für digitale Signalgabe,
InAs für Feldmessung,
InAsP für hochgenaue Feldmessungen. (LE 12)

4 Keramik ist magnetisch passiv,
Ferrit ist magnetisch aktiv. (LE 13)

5 Ferrit-Hallgeneratoren werden dort eingesetzt, wo eine Feldverfälschung keine Rolle spielt, sondern mit möglichst wenig Feldenergie eine möglichst hohe Hallspannung erzielt werden soll. (LE 16)

Signalabfragekopf LE 19

Das zweite Anwendungsgebiet der Ferrit-Hallgeneratoren zum Erzielen geringer Magnetfeldstreuungen und damit eines guten Wirkungsgrades ist die kontaktlose Signalgabe. Den Prinzipaufbau eines kontaktlosen Signalabfragekopfes zeigt das Bild:

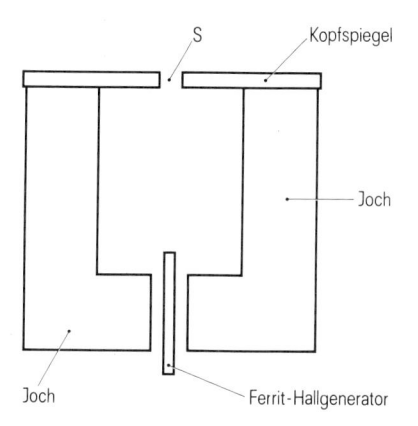

```
        S      Kopfspiegel
        |      |
     ┌──┴──┐┌──┴──┐
     │     ││     │
     │     ││     │
     │     ││     │
     │     │├──── Joch
     │     ││     │
     │     │└─┐   │
     │     │ │   │
     │     │ │   │
     └─────┘ └───┘
Joch         └── Ferrit-Hallgenerator
```

Der Hallgenerator befindet sich wie beim Hallmultiplikator im Luftspalt eines magnetischen Kreises. Der magnetische Fluß wird jedoch nicht mit Hilfe einer Kupferwicklung, sondern durch zusätzliche Stabmagnete bzw. Magnetfolien oder -bänder erzeugt. Dazu muß der Kreis noch an einer zweiten Stelle durch einen Luftspalt S unterbrochen werden. Ein an diesem Luftspalt S vorbeigeführter Stabmagnet erzeugt durch ein Streufeld in dem Kreis, der den Hallgenerator enthält, einen magnetischen Fluß, so daß an den Hallspannungsklemmen eine Spannung U_H abgenommen werden kann.

?	Aus welchen Elementen setzt sich der magnetische Kreis eines Signalabfragekopfes zusammen?

A 19

Ein Signalabfragekopf besteht aus zwei Jochhälften, zwei Kopfspiegeln und zwei Luftspalten. In einem Luftspalt befindet sich der Ferrit-Hallgenerator.

Hallspannung, abhängig vom Ort des Erregers LE 20

Führt man am Kopfspiegel des Abfragekopfes einen kleinen Magnet vorbei, so entstehen im Joch die folgenden Zustände des Magnetflusses:

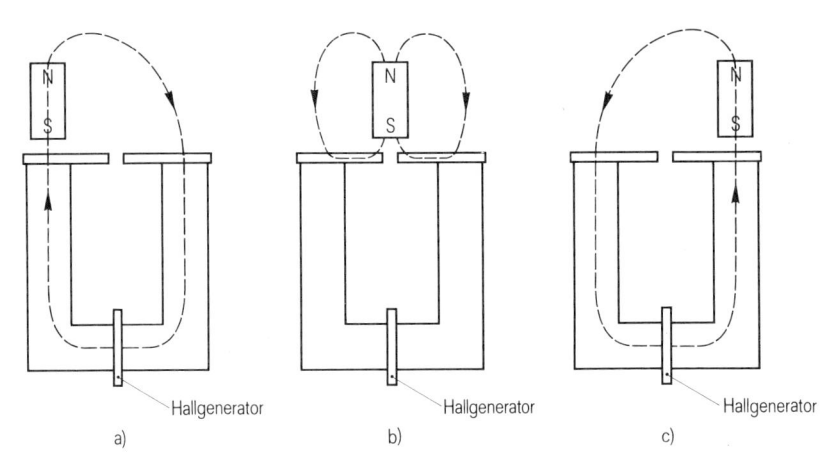

a) Hallgenerator
b) Hallgenerator
c) Hallgenerator

(Fortsetzung) **LE 20**

a) Der Fluß durchdringt den Hallgenerator in der Zeichnung von rechts nach links. Es entsteht eine Hallspannung bestimmter Polarität.
b) Der Stabmagnet befindet sich genau über dem Spalt S, so daß der Magnetkreis außerhalb des Abfragekopfes geschlossen wird. Im Hallgenerator entsteht keine Spannung.
c) Der Fluß wirkt zur Darstellung a) entgegengesetzt. Die Polarität der Hallspannung ist somit ebenfalls entgegengesetzt.

Zusammengefaßt ergibt sich für die Hallspannung U_H als Funktion des Ortes folgender Verlauf:

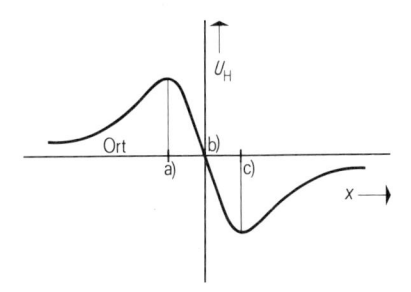

Infolge des sehr steilen Nulldurchganges der Hallspannung in Position b) des Stabmagnets ist hier die genaueste Stellungsanzeige möglich. Eine Abhängigkeit der Hallspannungsgröße von der Geschwindigkeit des vorbeigeführten Magnets ist nicht vorhanden.

Hauptanwendungsgebiete: magnetische Endschalter, Magnetbandabfrageköpfe usw.

?	In welcher Position des Stabmagnets ist beim Hallabfragekopf die genaueste Stellungsanzeige möglich?

A 20

Die genaueste Positionsfeststellung über dem Abfragekopf ist dann möglich, wenn sich der Stabmagnet genau über dem Luftspalt befindet, d. h. während des Nulldurchganges der Hallspannung.

Kenngrößen eines Hallgenerators — LE 21

Um die Unterschiede der verschiedenen Ausführungen von Hallgeneratoren gegenseitig abzugrenzen, bedarf es der Festlegung einiger Kenngrößen:

a) Leerlaufempfindlichkeit K_{Bo}: Sie gibt die Größe der Spannung an, die an den unbelasteten Hallelektroden auftritt (in Volt), umgerechnet auf 1 A Steuerstrom und 1 T Magnetfeld;
Es gilt: $U_H = K_{Bo} \cdot B \cdot i_1$

b) Höchstzulässiger Steuerstrom i_{1M}: ein Überschreiten dieses Wertes kann den Hallgenerator zerstören.

c) Nennwert des Steuerstroms I_{1n}: Er ist so bemessen, daß sich der Hallgenerator bei Betrieb in freier ruhender Luft um maximal 15 °C erwärmt.

d) Steuerseitiger Innenwiderstand des Hallgenerators R_{10} (Ω).

e) Innenwiderstand zwischen den Hallspannungsklemmen R_{20} (Ω).

f) K_{BL}: Dieser Wert gibt den Prozentsatz an, auf den sich K_{Bo} bei Belastung mit dem für jeden Hallgenerator spezifischen Widerstand R_{LL} (10 bis 100 Ω) verringert.

Die Bezeichnungen wurden dem Siemens-Halbleiter-Datenbuch entnommen.

? Mit welchem Steuerstrom darf ein Hallgenerator maximal belastet werden?

A 21

Der Steuerstrom darf den Wert i_{1M} nicht überschreiten.

Temperaturabhängigkeit LE 22

Ein allen Halbleiterelementen gemeinsames Merkmal ist die starke Temperaturabhängigkeit der Kenngrößen.

Die beiden folgenden Temperaturkoeffizienten dienen dazu, das Temperaturverhalten des Hallgenerators zu beschreiben:

α: Temperaturkoeffizient der beiden Innenwiderstände R_{10} und R_{20}. Dieser Wert gibt den Prozentsatz an, um den sich die Widerstände bei Temperaturerhöhung um 1 °C ändern.

β: Temperaturkoeffizient der Hallspannung. Dieser gibt den Prozentsatz an, um den sich die Hallspannung je Grad Temperaturerhöhung ändert.

Dieser Temperaturfaktor ist, bedingt durch die Abnahme der Hallkonstante, $R_H = \dfrac{1}{n \cdot e}$, infolge der bei Halbleitern mit zunehmender Temperatur anwachsenden Anzahl n der freien Ladungsträger.

Folgende Tabelle gibt für die drei bekannten Hallgeneratormaterialien die typischen Werte an:

	α	β	Dimension
InAS	+0,2	−0,1	%/K
InASP	−0,2	−0,05	%/K
InSb	−2	−2	%/K

[?] Welche beiden Temperaturkoeffizienten kennzeichnen das Temperaturverhalten von Hallgeneratoren?

A 22

1. Temperaturkoeffizient α der beiden Innenwiderstände R_{10} und R_{20}.
2. Temperaturkoeffizient β der Hallspannung U_H.

„Nullgrößen" LE 23

Die bereits bekannte Formel

$$U_H = R_H \cdot \frac{1}{s} \cdot i_1 \cdot B \cdot 10^{12}$$

hat zwei Grenzfälle, bei denen die Hallspannung Null wird:
1. Magnetfeld $B = 0$
2. Steuerstrom $i_1 = 0$.

Daraus resultieren zwei weitere Fehlermöglichkeiten:
1. Die Hallspannung wird nicht zu Null, obwohl $B = 0$ ist. Wir sprechen hier von der ohmschen Nullkomponente R_0; sie gibt die maximal an den Hallelektroden auftretende Spannung (in Volt) bei 1 A Steuerstrom und $B = 0$ an. Dieser Fehler enstammt einer mechanisch ungenauen Postierung der Hallelektroden. Die Größenordnung beträgt einige Millivolt/Ampere bei hochwertigen Meßsonden und steigt bei Ferritsonden bis zu mehreren Volt/Ampere an.
2. Die Hallspannung wird nicht Null, obwohl kein Steuerstrom fließt. Die „Induktive Nullkomponente" ist die durch ein magnetisches Wechselfeld in der Leiterschleife Hallkontaktzuleitung-Hallgenerator induzierte Wechselspannung.

Hier wird eine induktive Nullspannung U_{10} aus folgender Formel berechnet:

$$U_{10\,(mV)} = 0,4\, B_T \cdot f_{Hz} \cdot A_2\, cm^2$$

wobei A_2/cm^2 die ohmsche Nullkomponente bedeutet.

|?| Wodurch wird die ohmsche Nullkomponente, wodurch die induktive Nullspannung verursacht?

A 23

Die ohmsche Nullkomponente wird durch mechanische Ungenauigkeiten in der Position der Hallspannungselektroden verursacht.

Die induktive Nullspannung entsteht durch induktive Leistungsübertragung der Magnetfeldenergie auf den Hallgenerator aufgrund eines magnetischen Wechselfeldes.

Herstellung LE 24

Man unterscheidet in der Herstellung zwei verschiedene Arten von Hallgeneratoren:

1. Hallgeneratoren aus polykristallinem Halbleitermaterial: Hier wird das Hallblättchen aus einem polykristallinen Halbleiterstab durch Sägen und Schleifen gewonnen und anschließend auf den Keramik- bzw. Ferritträger geklebt.

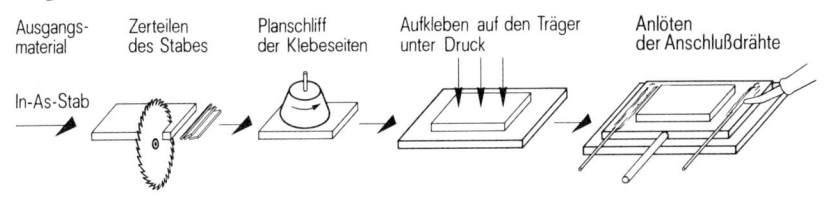

| Ausgangsmaterial | Zerteilen des Stabes | Planschliff der Klebeseiten | Aufkleben auf den Träger unter Druck | Anlöten der Anschlußdrähte |

In-As-Stab

2. Aufdampf-Hallgeneratoren, die im „Dreitemperaturverfahren" hergestellt werden.

Die beiden Elemente In und As (bzw. Sb) werden einzeln im Vakuum auf verschiedene Temperaturen ϑ_1 (etwa 900 °C bei Indium) und ϑ_2 (etwa 280 °C bei Arsen) gebracht. Die Keramikträger erhalten mit Hilfe einer dritten Heizwicklung die Temperatur ϑ_3. Im Vakuum verdampfen nun die Elemente In und As (bzw. Sb) und schlagen sich auf den Keramikträgerplatten in Form der Verbindung InAs nieder. Je nach Wahl der Temperatur ϑ_3 der Keramikplatten (550 bis 750 °C) wird eine feine bzw. gröbere Struktur des aufgedampften Halbleiters erreicht.

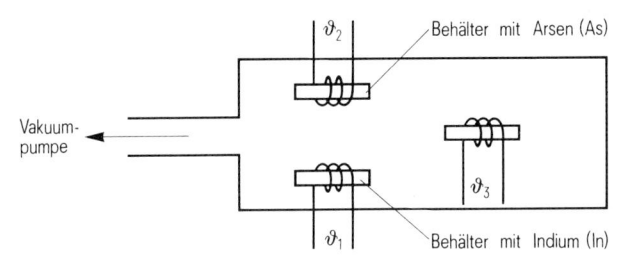

? Welches sind die beiden Verfahren zur Herstellung von Hallgeneratoren?

A 24

1. Mechanisches Herausarbeiten des Hallblättchens aus einem Kristallblock und Aufkleben auf den Träger.

2. Herstellen des Halbleitermaterials und Aufdampfen des Halbleiters auf den Keramikträger mit Hilfe des sogenannten Dreitemperaturverfahrens.

Spezielle Hallgeneratoren   LE 25

Die beschriebenen Herstellverfahren ergeben Hallgeneratoren für spezifische Anwendungsfälle:

1. Polykristalline Hallgeneratoren haben infolge des homogenen Kristallgefüges den größeren Wirkungsgrad und damit eine höhere Hallspannung. Der Innenwiderstand ist relativ niedrig; es können daher größere Stromdichten erzielt werden.

   Der Nachteil, der die Verwendung polykristalliner Hallgeneratoren unter extremen Temperaturbedingungen stark einschränkt, besteht in der Klebeschicht zwischen Träger und Hallblättchen. Alle bisher bekannten Klebstoffe werden bei sehr tiefen Temperaturen spröde bzw. zersetzen sich teilweise bei Temperaturen über $+100\,°C$.

2. Das Fehlen der Klebeschicht macht die Aufdampf-Hallgeneratoren für Temperaturen von -269 bis über $+200\,°C$ geeignet.

   Der Nachteil von Aufdampfsonden besteht in ihrer wesentlich kleineren Elektronenbeweglichkeit. Dieser Nachteil wird nur geringfügig durch die kleinere Dicke des Hallblättchens von 1 bis 5 μm (bei kristallinen Hallsonden etwa 20 μm) kompensiert.

   Man wird deshalb immer, wo nicht extreme Temperaturanforderungen an den Hallgenerator gestellt werden, polykristallinem Halbleitermaterial den Vorzug geben.

| ? | Für welche Anwendungsfälle werden Aufdampf-Hallgeneratoren vornehmlich verwendet? |

A 25

Aufdampf-Hallgeneratoren werden dort verwendet, wo sehr hohe bzw. sehr tiefe Temperaturen auftreten.

Verstärker LE 26

Die an den Klemmen eines Hallgenerators auftretende Signalspannung U_H bleibt in den meisten Fällen innerhalb des zulässigen Betriebsbereiches unter 1 V. Deshalb muß sie, um z. B. zur Ansteuerung eines Relais oder eines Anzeigeinstrumentes verwendet werden zu können, verstärkt werden.

Folgende Skizze zeigt abschließend eine einfache und häufig verwendete Verstärkerschaltung (Differenzspannungsverstärker):

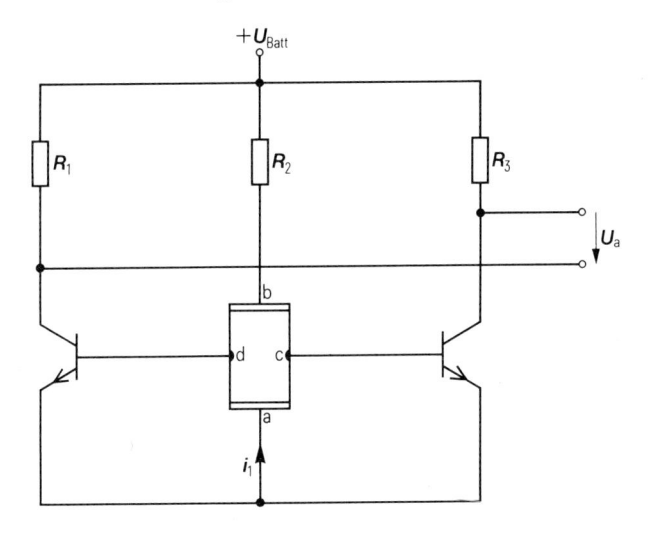

Die so gewonnene Ausgangsspannung U_a ist nun ein Vielfaches der Hallspannung, nämlich

U_a = Hallspannung · Spannungsverstärkung v_u des Transistors.

| ? | Angenommen, die Spannungsverstärkung der Transistoren in obiger Schaltung beträgt $v_u = 100$; wie groß wird bei einer Hallspannung von $U_H = 0{,}4$ V die Verstärkerausgangsspannung U_a? |

A 26

$U_a = U_H \nu_u = 40\ \text{V}$

Erfolgstest

Bemühen Sie sich, auch die Fragen des Erfolgstestes richtig zu beantworten. Wenn Sie bisher gut mitgearbeitet haben, wird Ihnen sicherlich auch das Beantworten der 21 Abschlußfragen leichtfallen. Vergleichen Sie Ihre Antworten mit den angegebenen Lösungen.

1 Welche Stoffe bezeichnet man als „ferromagnetisch"?

2 Von welchen Faktoren hängt die Größe der Kraft auf ein Elektron im Magnetfeld ab?

3 Von welchen Faktoren hängt die Größe der Kraft auf ein Elektron im elektrischen Feld ab?

4 Wie bewegen sich die Elektronen in einem Leiter ohne Stromfluß?

5 Wie bewegen sich die Elektronen in einem Leiter bei Anlegen eines Stromes?

6 An welchem Metall wurde der Halleffekt entdeckt? Warum?

7 Warum müssen Hallgeneratoren extrem dünn sein?

8 Wie ist die Beweglichkeit von Ladungsträgern in Leitern bzw. Halbleitern definiert?

9 Wie soll das Verhältnis $\frac{\text{Länge}}{\text{Breite}}$ des Hallgenerators sein?

10 Wie groß ist das Verhältnis in der Praxis etwa?

11 Erklären Sie die Begriffe „passiv" und „aktiv" für die Bezeichnung der Träger.

12 Warum sind Ferrit-Hallgeneratoren für Feldmeßzwecke nicht geeignet?

13 Warum wird für die Wattmeterschaltung ein Hallmultiplikator benötigt?

14 Wodurch unterscheidet sich der Magnetkreis eines Abfragekopfes vom Magnetkreis eines Hallmultiplikators?

15 Welches Trägermaterial haben Hallgeneratoren in Signalabfrageköpfen?

16 Definieren Sie den Begriff der Leerlaufempfindlichkeit K_{Bo}.

17 Wie wird der Temperaturkoeffizient β der Hallspannung definiert?

18 Welche Nullpunktfehler kennen Sie?

19 Wie bezeichnet man das Herstellverfahren von Aufdampf-Hallgeneratoren?

20 Beschreiben Sie kurz das sogenannte Dreitemperaturverfahren.

21 Welche Schaltung verstärkt mit einfachen Mitteln die Hallspannung?

Lösungen zum Erfolgstest

1 Ferromagnetisch bezeichnet man die Stoffe Eisen, Nickel und Kobalt sowie deren Verbindungen untereinander und mit anderen Elementen.
(LE 1)

2 Von der Elektronenladung, der Geschwindigkeit des Elektrons und der Flußdichte. (LE 1)

3 Von der Elektronenladung und der elektrischen Feldstärke. (LE 1)

4 Regellos nach allen Richtungen. (LE 1)

5 Die Elektronen führen eine „Driftbewegung" aus. (LE 1)

6 Der Halleffekt wurde an Gold entdeckt, das sich sehr dünn auswalzen läßt.
(LE 5)

7 Mit der Abnahme der Dicke des Hallgenerators wächst die Hallspannung.
(LE 5)

8 Beweglichkeit = Geschwindigkeit der Elektronen/Feldstärke. (LE 8)

9 Möglichst groß, d. h., der Hallgenerator soll möglichst lang sein. (LE 10)

10 Da die Hallspannung bei großen Längen nur noch unwesentlich zunimmt, ist ein Verhältnis von Länge : Breite = 2 : 1 am wirtschaftlichsten.
(LE 10)

11 Magnetisch passiv heißt, daß der magnetische Kraftlinienverlauf unbeeinflußt vom Vorhandensein des Trägers bleibt. Unter magnetisch aktiv verstehen wir den Feldlinien-Bündelungseffekt sowie die damit verbundene Kraftwirkung des Magnetfeldes auf den Träger. (LE 13)

12 Durch das Ferrit, ein ferromagnetisches Material, wird das magnetische Feld verfälscht. (LE 14/15)

13 Der Hallmultiplikator ist das einzige Bauelement, das zwei zur Spannung und zum Strom analoge Eingangsgrößen in eine Ausgangsgröße umwandeln kann. (LE 18)

14 Anstelle der Feldspule beim Multiplikator tritt beim Abfragekopf der Kopfspiegel mit einem zweiten Luftspalt. (LE 19)

15 Ferrit. (LE 19)

16 Der Wert K_{Bo} gibt die Größe der an den unbelasteten Hallklemmen auftretenden Spannung an, umgerechnet auf $B = 1$ T und $i_1 = 1$ A. (LE 21)

17 Der Wert β gibt den Prozentsatz an, um den die Hallspannung je Grad Temperaturveränderung ansteigt bzw. fällt. (LE 22)

18 a) Ohmsche Nullkomponente.
b) Induktive Nullkomponente. (LE 23)

19 Dreitemperaturverfahren. (LE 24)

20 Die beiden Elemente In und As (bzw. Sb) sowie die Keramikträger werden einzeln im Vakuum auf drei verschiedene spezifische Temperaturen gebracht. Bei richtiger Wahl der Temperaturen schlägt sich die in der Dampfphase gebildete Verbindung InAs bzw. InSb auf die Keramikträger nieder. (LE 24)

21 Die „Differenzspannungsverstärkerschaltung". (LE 26)

Anhang: Abkürzungen

A	Ampere, Einheit des elektrischen Stromes
A	Flächenbezeichnung
As	Chemisches Symbol für Arsen
α	Temperaturkoeffizient von R_{10} und R_{20}
A_2	Induktive Nullkomponente
B	Magnetische Flußdichte, in Tesla (T)
β	Temperaturkoeffizient der Hallspannung
s	Dicke des aktiven Hallblättchens
e	Ladung eines Elektrons
Σ	Maximale Abweichung der tatsächlichen Hallspannung von der Geraden, in V/A
E	Elektrische Feldstärke, in V/cm
Φ	(griechisch, sprich phi) Abkürzung für den magnetischen Fluß
Hz	Schwingungen je Sekunde
i_1	Steuerstrom des Hallgenerators
i	Ablenkstrom
In	Chemisches Symbol für Indium
i_F	Strom durch die Feldwicklung eines Hallgenerators
i_{1M}	Maximaler Steuerstrom
I_{1n}	Nennsteuerstrom
S	Elektrische Stromdichte, in A/cm^2
F	Kraft auf ein Elektron
K_{Bo}	Leerlaufempfindlichkeit, in V/AT
K_{BL}	Empfindlichkeit bei Belastung mit R_{LL}
u	Elektronenbeweglichkeit
n	Anzahl der freien Ladungsträger je cm^3 eines Stoffes
P	Chemisches Zeichen für Phosphor
P	Leistung
R_{LL}	Linearisierungswiderstand
R_{10}	Steuerseitiger Innenwiderstand
R_{20}	Hallseitiger Innenwiderstand
R_0	Ohmsche Nullkomponente
R_v	Verbraucherwiderstand
ϑ	(griechisch, sprich teta) Temperatur in °C
U_H	Hallspannung
V_{10}	Induktive Nullspannung
V	Volt, Einheit der elektrischen Spannung
v	Geschwindigkeit eines Ladungsträgers in einem Stoff
ν_u	(griechisch, sprich nü) Spannungsverstärkung eines Transistors

Formeln

1 Kraftwirkung eines Magnetfeldes auf ein bewegtes Elektron

$F = e \cdot v \cdot B$

    e Elementarladung (Elektronenladung)
    v Elektronengeschwindigkeit
    B Flußdichte des Magnetfeldes

2 Kraftwirkung eines elektrischen Feldes auf ein Elektron

$F = e \cdot E$

    e Elementarladung
    E Elektrische Feldstärke

3 Elektrische Stromdichte

$S = n \cdot e \cdot v$

    n Anzahl der freien Ladungsträger (z. B. Elektronen) je Volumeinheit
    e Elementarladung
    v Geschwindigkeit der freien Ladungsträger

4 Elektronenbeweglichkeit

$u = \dfrac{v}{E}$

    v Elektronengeschwindigkeit
    E Elektrische Feldstärke

5 Hallspannung (V)

$U_H = \dfrac{1}{ne} \cdot \dfrac{1}{s} \cdot i_1 \cdot B \cdot 10^{12}$

    s Dicke des Hallblättchens (in cm)
    i_1 Steuerstrom (A)
    B Flußdichte des Magnetfeldes (T)

6 Hallkoeffizient (Hallkonstante)

$$R_H = \frac{1}{n \cdot e}$$

e   Elementarladung
n   Anzahl der freien Ladungsträger je Volumeinheit (cm^3)

7 Magnetischer Fluß

$$\Phi = B \cdot A$$

B   Magnetische Flußdichte
A   Vom Magnetfeld durchdrungene Fläche

8 Induktive Nullspannung

$$u_{10} = 0{,}4\, B \cdot f \cdot k_2$$

u_{10} Induktive Nullspannung (mV)
B Amplitude der magnetischen Flußdichte (T)
f Frequenz der magnetischen Wechselinduktion (Hz)
k_2 Induktive Nullkomponente (cm^2)

Fachausdrücke und Fremdwörter

Beweglichkeit der Elektronen	Maß der Elektronengeschwindigkeit in einem elektrischen Leiter bei einer bestimmten Stromdichte.
Elektron	Träger der elektrischen Leitung in Metallen und elektronenleitenden Halbleitern.
Elektronenladung	Kleinste, nicht mehr teilbare Ladungsmenge $(1{,}6 \cdot 10^{-19}\,\text{As})$.
Feldstärke, elektrische	Abfall der elektrischen Spannung je Wegeinheit.
Feldstärke, magnetische	Abfall der magnetischen Spannung je Wegeinheit.
Ferromagnetisch	Eigenschaft der Elemente Eisen, Nickel und Kobalt sowie deren Verbindungen, von einem Magnetfeld angezogen zu werden.
Fluß, magnetischer	Gesamtheit der gedachten magnetischen Feldlinien eines Elektro- bzw. eines Permanentmagneten.
Hallkonstante	Materialkonstante (R_H) gibt bei gleichen geometrischen und elektrischen Voraussetzungen Aussage über die Größe der Hallspannung.
Hallspannung	An den Klemmen eines Hallgenerators im Magnetfeld auftretende Spannung.
Innenwiderstand, steuerseitiger	Ohmscher Widerstand zwischen den Steuerstromanschlüssen eines Hallgenerators.
Innenwiderstand, hallseitiger	Ohmscher Widerstand zwischen den Hallspannungsklemmen.
Leerlaufempfindlichkeit	Kenngröße eines Hallgenerators, Maß für die ohne Belastung an den Hallklemmen auftretende Spannung.

Leitfähigkeit, elektrische	Maß für die Fähigkeit eines Materials, elektrischen Strom zu leiten.
Nullkomponente, ohmsche	Fehlergröße eines Hallgenerators, Maß für die an den Hallklemmen ohne Magnetfeld anliegende Spannung.
Nullkomponente, induktive	Fehlergröße eines Hallgenerators, Maß für die an den Hallklemmen ohne Steuerstrom anliegende Spannung.
Stromdichte	Strom je Flächeneinheit durch einen elektrisch leitenden Stoff.
Temperaturkoeffizient des Innenwiderstandes	Maß für die Änderung der Innenwiderstände als Funktion der Temperatur.
Temperaturkoeffizient der Hallspannung	Maß für die Änderung der Hallspannung als Funktion der Temperatur.
Wirkungsgrad	Verhältnis der an den Hallklemmen abnehmbaren zu der an den Steuerklemmen eingespeisten elektrischen Leistung.

Programmierter Unterricht

mit Siemens-Lehrprogrammen

Einführung in die Grundlagen der Halbleitertechnik, pu 01
von Hansjochen Benda

Die Wirkungsweise der Halbleiterdiode, pu 11
von Udo Lob

Das magnetische Feld, pu 07
von Johannes Lang

Das elektrische Feld, pu 08
von Johannes Lang

Strom — Spannung — Widerstand, pu 09
von Johannes Lang

Der magnetische Kreis, pu 19
von Heinz Rieger

Die Kirchhoffschen Gesetze, pu 22
von Alois Koller

Der Transistor, pu 21
Aufbau, Wirkungsweise, Kennlinien, Grundschaltungen
von Erich Gelder und Karl-Heinz Reiter

Die Wirkungsweise des Thyristors, pu 05
von Wolfgang Weiske

Die Kennlinien des Thyristors, pu 20
von Wolfgang Weiske

Die Wirkungsweise des Zweiwegthyristors, pu 06
von Hansjochen Benda